BEI GRIN MACHT SICH IHR WISSEN BEZAHLT

- Wir veröffentlichen Ihre Hausarbeit,
  Bachelor- und Masterarbeit

- Ihr eigenes eBook und Buch -
  weltweit in allen wichtigen Shops

- Verdienen Sie an jedem Verkauf

Jetzt bei www.GRIN.com hochladen
und kostenlos publizieren

Bibliografische Information der Deutschen Nationalbibliothek:

Die Deutsche Bibliothek verzeichnet diese Publikation in der Deutschen National-
bibliografie; detaillierte bibliografische Daten sind im Internet über http://dnb.d-
nb.de/ abrufbar.

Impressum:

Copyright © 2007 GRIN Verlag, Open Publishing GmbH
Druck und Bindung: Books on Demand GmbH, Norderstedt Germany
ISBN: 978-3-668-02865-4

Dieses Buch bei GRIN:

http://www.grin.com/de/e-book/300691/aufnahme-und-wiedergabesysteme-akus-
tischer-signale-und-entzerrungsmechanismen

Jacqueline Rausch

Aufnahme- und Wiedergabesysteme akustischer Signale und Entzerrungsmechanismen bei Kopfhörern

GRIN Verlag

Kopfhörerentzerrung

Ausarbeitung zum Seminarvortrag

von

Jacqueline Rausch

Veranstaltungstitel: Ausgewählte Probleme der Hörtechnik und Audiologie

Seminarvortrag vom: 25.06.2007

Institut für Physik

Carl von Ossietzky Universität Oldenburg

Fakultät V - Mathematik und Naturwissenschaften

Ammerländer Heerstr. 114-118

D 26129 Oldenburg

Inhaltsverzeichnis

1 Aufnahme- und Wiedergabesysteme akustischer Signale

1.1 Raumbezogene Systeme

Bei raumbezogenen Aufnahme- und Wiedergabesystemen handelt es sich um Stereoaufnahmen mit mehreren Mikrofonen und deren Wiedergabe über Lautsprecher. Die Anordnung der Mikrofone orientiert sich an den menschlichen Lokalisationsmechanismen der Auswertung von Laufzeit (ITD)- und Pegeldifferenzen (IID) zwischen den Ohren. Bei der Pegeldifferenzstereofonie bestimmt die Richtwirkung der verwendeten Mikrofone bzw. die Schalldruckunterschiede an den Lautsprechern die Hörereignisrichtung bei der Wiedergabe. Liegt an allen Lautsprechern ein identisches Signal an, lokalisiert der Hörer eine zentrierte Phantomschallquelle, eine Erhöhung der Schallleistung eines Lautsprechers hingegen führt zur Lokalisation der Quelle in Richtung dieses. Bei der Laufzeitstereofonie werden die Mikrofone von der Quelle unterschiedlich räumlich separiert, um die Lokalisation des Hörers auf Grund der positionsabhängigen Schallaufnahme zu unterschiedlichen Zeitpunkten hervorzurufen. Äquivalent zur Pegeldifferenzstereofonie erzeugt ein an an allen Lautsprechern identisches Schallsignal eine Lokalisation auf die Mitte, eine Verzögerung des Signals an einem Lautsprecher jedoch eine Bewegung der Schallquelle zum anderen Lautsprecher hin. In Abb. 1 ist die Lokalisation der Phantomschallquelle auf Grund der vektoriellen Superposition bei Pegeldifferenz- und Laufzeitstereofonie dargestellt. Bei den beschriebenen Mikrofonanordnungen bzw. Mischformen dieser mit an-

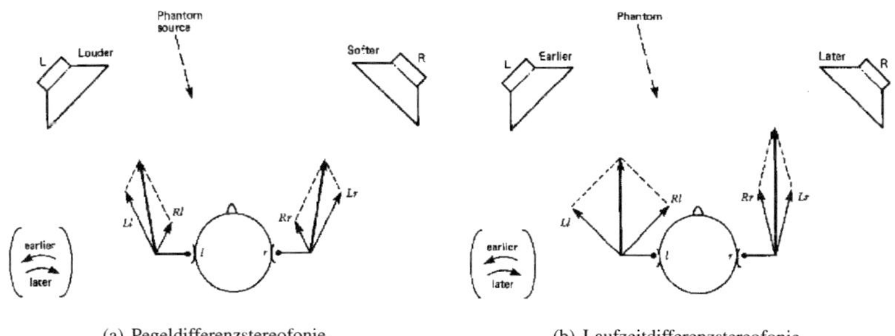

(a) Pegeldifferenzstereofonie. (b) Laufzeitdifferenzstereofonie.

Abb. 1: Vektorielle Superposition der Lautsprecherbeiträge für Intensitäts- und Laufzeitstereofonie. Quelle: Poldy (2001)

schließender Wiedergabe der Schallsignale über Lautsprecher bleiben alle natürlichen Veränderungen des Schallfeldes auf Grund der menschlichen Geometrie der Ohrmuscheln, des Kopfes und Oberkörpers sowie der entstehenden Resonanzen im Gehörgang vollständig erhalten. Bei der Wiedergabe der Signale muss der Einfluss des Abhörraums beachtet werden. (Dickreither, 1987)

1.2   Kopfbezogene Systeme

Kopfbezogene Aufnahme- und Wiedergabesysteme erzeugen binaurale Aufnahmen mit dem Ziel der naturgetreuen Wiedergabe über Kopfhörer. Anstelle einer herkömmlichen Mikrofonierung wird ein Kunstkopf verwendet, welcher eine durchschnittliche Kopf- und teilweise Torsonachbildung inklusive der menschlichen Ohrmuscheln mit je einem Mikrofon mit Kugelcharakteristik an der Position der Trommelfelle ist. Durch die Verwendung während der Aufnahmen enthalten die Signale die IID's und ITD's sowie die spektralen Verfärbungen auf Grund von Resonanzen, d. h. die kopfbezogene Übertragungsfunktion (HRTF) bleibt komplett erhalten. Die HRTF berechnet sich in Abhängigkeit des Azimuthwinkels ϕ und des Elevationswinkels θ nach Gleichung (1) und enthält neben den Lokalisationscues auch die frequenzabhängigen Amplituden, die Phasen des Signals, den Zeitversatz zwischen den Ohren und so weiter.

$$\text{HRTF}(\phi, \theta) = \frac{\text{Schalldruck am Trommelfell des Hörers}}{\text{Schalldruck an der Position in Abwesenheit des Hörers}}(\phi, \theta) \qquad (1)$$

Aufnahmen, welche die HRTF beinhalten werden auch als binaurale Aufnahme bezeichnet und sind eine häufig angewendete Methode zur Reproduktion eines realitätsnahen räumlichen Höreindrucks. (Hammerhoi, 1995)

1.3   Kompatibilität raum- und kopfbezogener Systeme

Eine Einschätzung der Kompatibilität von raum- und kopfbezogenen Systemen ist mit Hilfe des Assoziationsmodells von Theile (1980) möglich, welches von assoziativen Aspekten als wesentlichen Bestandteil der sensorischen Wahrnehmung ausgeht. Die räumliche Lokalisation erfolgt nach diesem Modell in den zwei separaten Verarbeitungsprozessen der Ortsbestimmung und der Gestaltbestimmung. In Abb. 2 ist das Blockdiagramm des Assoziationsmodells dargestellt. Die spek-

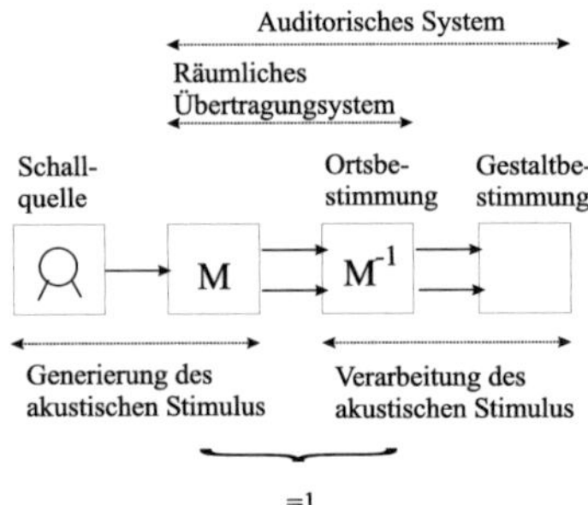

Abb. 2: Blockdiagramm des Assoziationsmodells. Basierend auf: Theile (1986)

tralen Veränderungen des Signals auf Grund des Ortes der Schallquelle und des Raumes in den die

Schallabstrahlung erfolgt, sowie des Ortes und die Geometrie des Hörers, ist im Filter M kodiert. Die ortsbestimmende Stufe dekodiert diese Ortinformationen durch adaptive inverse Filterung mit M^{-1}. Die Parameter der inversen Filterung beruhen auf assoziativer Mustererkennung, d. h. das aktuelle Ohrsignal wird mit gespeicherten Signalen verglichen und miteinander verknüpft, wenn Teile des gespeicherten Musters im aktuellen Muster enthalten sind. Die Gestaltsinformation wird mit Hilfe des adaptiven Filters diskriminiert und der Gestaltsassoziationsstufe zugeführt, d. h. die Bewertung des Schallsignals durch die HRTF wird aufgehoben und das Sendesignal sowie die gewonnene Richtungs- und Entfernungsinformation werden getrennt weitergeleitet. In der höher geschalteten Gestaltsassoziationsstufe erfolgt die Bestimmung der ortsunabhängigen Schallparameter (z. B. die Klangfarbe) ebenfalls auf Basis assoziativer Musterselektion. (Theile, 1980)

Mittels des Assoziationsmodells lässt sich die Kompatibilität der Aufnahme und Wiedergabe innerhalb der raum- bzw. kopfbezogenen Systeme und die Inkompatibilität zwischen den Systemen erklären. Das Blockdiagramm des Assoziationsmodells der Wiedergabe von Schallsignalen raumbezogener Aufnahmen über Kopfhörer ist in Abb. 3 dargestellt. Durch die Ineffektivität des Torso,

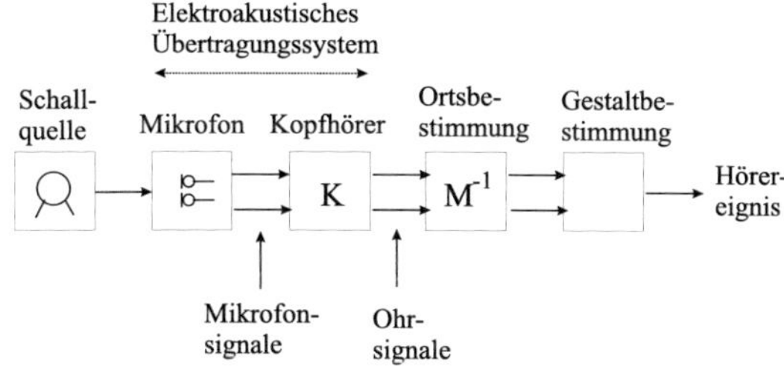

Abb. 3: Blockdiagramm des Assoziationsmodells bei Kopfhörerwidergabe von Stereo-Signalen. Basierend auf: Theile (1986)

des Kopfes und der Aussenohren, bezgl. der spektralen Verzerrung des Signals, gelangen an die ortsbestimmende Stufe Schallsignale mit denen inkorrekte gespeicherte Muster verknüpft werden. Das Fehlen der HRTF führt zu einer inkorrekten inversen Filterung. Diese Fehler in der Filterung führen zu unnatürlichen Höreindrücken, d. h. Im-Kopf-Lokalisation und Klangfarbenfehler.

Eine kopfbezogene Schallaufnahme führt bei Wiedergabe über Lautsprecher ebenfalls zu unnatürlichen Höreindrücken und Klangfarbenfehler, da die bei der Aufnahme entstandenen ortsbestimmenden Merkmale in der Ortsassoziationsstufe nicht erkannt werden. In Abb. 4 ist das Blockdiagramm des Assoziationsmodells bei Lautsprecherwiedergabe einer kopfbezogener Aufnahme dargestellt. Die Lautsprecherposition wird durch die Wirkung der Aussenohren, Schultern und Torso erkannt und invers gefiltert. Diese zusätzliche Filterung führt zu Kammfiltereffekten und unscharfer Lokalisation.

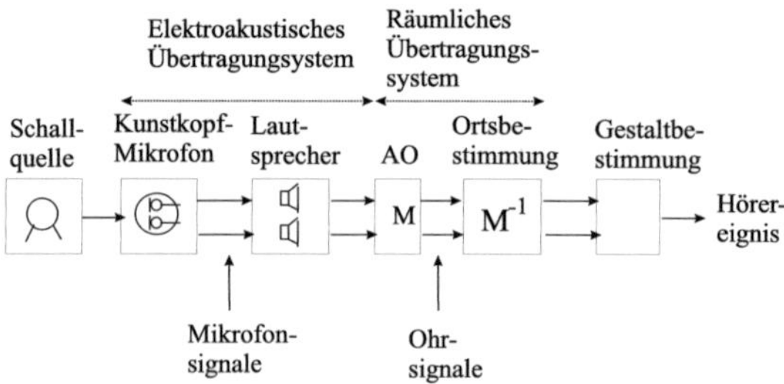

Abb. 4: Blockdiagramm des Assoziationsmodells bei Lautsprecherwiedergabe kopfbezogener Aufnahmen. Basierend auf: Theile (1986)

An die Gestaltstufe gelangt somit ein nur teilweise korrekt gefiltertes Signal. (Theile, 1980)

Für viele Anwendungsbereiche ist jedoch eine Kompatibilität von raum- und kopfbezogenen Aufnahme- und Wiedergabesystemen gewünscht. In der Audiometrie z. B. werden vergleichende Sprachverständlichkeitstest sowohl über Kopfhörer als auch über Lautsprecher durchgeführt. In der angewandten Psychoakustik, speziell im Bereich der Geräuschbewertung, ist die Vergleichbarkeit und Kompatibilität der Aufnahmen sowohl für die Analyse physikalischer und psychoakustischer Parameter als auch für die Darbietung in Hörversuchen essentiell. Ein weiterer großer Anwendungsbereich ist die Musik- und Unterhaltungsindustrie, die originalgetreue Schalldarbietungen der Aufnahmen sowohl über Lautsprecher als auch über Kopfhörer ermöglichen wollen. Eine Lösung der Inkompatibilität von raum- und kopfbezogenen Systemen besteht in entsprechenden Entzerrungsoptionen der Signale über digitale Filter in Abhängigkeit des Schallfeldes bei der Aufnahme.

2   Entzerrungsmechanismen

Mit dem Ziel der Kompatibilität raum- und kopfbezogener Aufnahme- und Wiedergabesysteme und der damit einhergehenden Vermeidung von Klangänderungen werden häufig die Freifeldentzerrung basierend auf der Messmethode von Villchur (1969) und die Diffusfeldentzerrung basierend auf der Messmethode von Theile (1986) implementiert, deren Annahmen und Messmethoden im Folgenden erläutert werden. Neben diesen beiden Verfahren existieren weitere Entzerrungsmechanismen die ebenfalls mit dem Namen Freifeldentzerrung bzw. Diffusfeldentzerrung bezeichnet werden, jedoch herstellerspezifische Abwandlungen der Methoden von Villchur (1969) und Theile (1986) sind. (Poldy, 2001)

2.1 Physikalische Messmethoden

Je nach Anwendungsgebiet werden Entzerrungsmechanismen auf Basis von Lautheitsausgleichsmessungen, Sondenmikrofonmessungen oder Kupplermessungen durchgeführt, wobei nur die Kupplermessungen ein adäquates Mittel zur alltäglichen Kalibrierung darstellen und Lautheitsausgleichsmessungen und Sondenmikrofonmessungen auf Grund ihrer Komplexität und des zeitlichen Umfangs vorrangig in Forschungs- und Entwicklungsbereichen Anwendung finden. Unabhängig von der Kopfhörerentzerrung entsprechend der Schalleinfallsrichtung erzeugen lautheitskalibrierte Kopfhörer direkt vor dem Trommelfell einen höheren Schalldruckpegel als per Sondenmikrofon kalibrierte Kopfhörer. Der Unterschied ist mit dem Pegel-Lautheit-Divergenz-Effekt (SLD-Effekt) zu erklären. Verschiedene Studien, welche sowohl im Freifeld als auch im Diffusfeld durchgeführt wurden, zeigen, dass Probanden bei einer Lautheitsausgleichsmessung mit Terzrauschen wie in Abb. 5 dargestellt, für einen Eindruck gleicher Lautheit einen 4.5-12dB (Mittelwert: 6dB) höheren Schalldruckpegel für die Kopfhörerdarbietung als für die Lautsprecherdarbietung einstellen. Eine Schalldruckpegeldifferenz

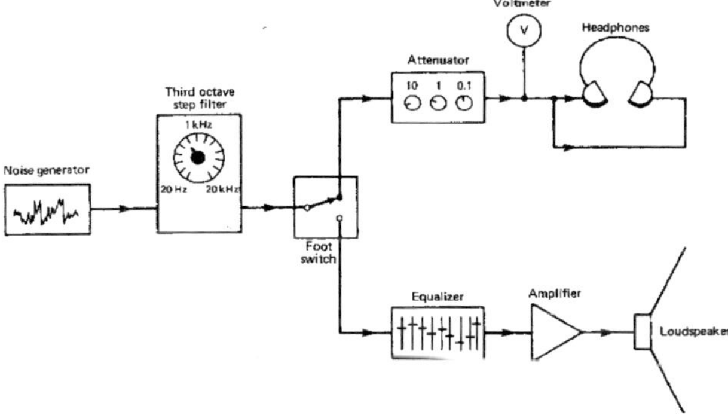

Abb. 5: Aufbau einer Lautheitsausgleichsmessung mit Kopfhörer und Lautsprecher. Quelle: Poldy (2001)

ist ebenfalls bei Lautheitsbewertungsexperimenten mit zwei Lautsprechern, die am Empfangsort des Hörers bei Anregung mit dem selben Testsignal den gleichen physikalischen Schalldruckpegel hervorrufen, jedoch unterschiedlich weit entfernt sind, zu beobachten. Der weiter entfernte Lautsprecher wird trotz Erzeugung des gleichen Schalldruckpegels am Ohr des Probanden lauter bewertet als der nähere. Dieser als SLD oder *„missing 6 dB"* bezeichnete Effekt ist abhängig vom Schalldruckpegel, von der Frequenz und von der räumlichen Distanz der zwei Schallquellen. Die Lautheitsbasierende Kopfhörerkalibrierung findet für viele psychoakustische Experimente im Bereich des Lautheitsvergleiches und in der Audiometrie Anwendung, erzeugt jedoch Fehler bei der Bestimmung der physikalischen Kopfhörerübertragungsfunktion. Da der SLD-Effekt nicht bei hörschwellennahen Messungen auftritt, sind die vom lautheitskalibrierten Kopfhörer am Trommelfell erzeugten Schalldruckpegel an der Hörschwelle zu hoch. (Theile, 1986)

Kopfhörerkalibrierungen, die auf Sondenmikrofonmessungen basieren, erzeugen am Trommelfell den gleichen Schalldruckpegel wie die Lautsprecherdarbietung des jeweiligen Testsignals durch Filterung des Schallsignals mit der individuellen inversen HRTF und der Kopfhörerübertragungsfunktion. Die Bestimmung der individuellen HRTF ist fehleranfällig bzgl. der reproduzierbaren Positionierung des Sondenmikrofons und des Einflusses der Kalbelführung des Mikrofons. Zur Kalibrierung massenproduzierter Kopfhörer werden die HRTF's von mindestens acht Probanden gemittelt.

Eine robuste Methode der Routine-Kopfhörerkalibrierung sind, hinsichtlich der Reproduzierbarkeit, Kupplermessungen bzw. Messungen mit dem künstlichen Ohr. Diese bilden jedoch auf Grund ihrer einfachen geometrischen Form nur die wesentlichen Aspekte des menschlichen Ohres bezüglich des Luftvolumens zwischen dem Kopfhörer und dem Trommelfell nach. Kupplermessungen ermöglichen die Ermittlung von Differenzen des sich ausbreitenden Schalldrucks im Kuppler mit Referenzwerten, die durch Lautheitsausgleichsmessungen bzw. durch Sondenmikrofonmessungen ermittelt wurden. (Poldy, 2001)

2.2 Freifeldentzerrung

Mit dem Ziel der Nachbildung der Signalverzerrung bei freier Schallausbreitung auf Grund der menschlichen Geometrie, führte Villchur (1969) Sondenmikrofonmessungen in einem reflexionarmen Raum durch. Von drei Probanden wurden monaurale HRTF's des rechten Ohres gemessen und das linke Ohr wurde mit einem Gehörschutz verschlossen. Ein 0,25 m entfernter Lautsprecher wurde in Abhängigkeit der Höhe des Probanden auf Achse mit dem Gehörgangseingang positioniert. Zur Darbietung tiefer Frequenzen unter 400 Hz erfolgte die Schalldarbietung über einen extra Subwoofer. Von den Probanden wurde der ankommende Schalldruck am Trommelfell bei Lautsprecherdarbietung und bei Kopfhörerdarbietung dreimalig gemessen und anschliessend arithmetisch gemittelt. Als Testsignal wurde ein Sweep im Frequenzbereich von 100 Hz bis 8 kHz, bei einem Schalldruckpegel von 110 dB[SPL] bei Kopfhörer- und 100 dB[SPL] bei Lautsprecherdarbietung, verwendet. Die individuelle, frequenzabhängige Kopfhörerübertragungsfunktion KTF_{FF} ergibt sich aus der Differenz des Verhältnisses des Schalldrucks am Trommelfell bei Kopfhörerdarbietung p_{KH} zur Eingangsspannung des Kopfhörers $U_{Kl_{KH}}$ und dem Verhältnis des Schalldrucks am Trommelfell bei Lautsprecherdarbietung p_{LS} zum Schalldruck am Messpunkt bei Lautsprecherdarbietung im Freifeld p_{FF} nach Gleichung (2).

$$KTF_{FF}(f) = \frac{p_{KH}}{U_{Kl_{KH}}}(f) - \frac{p_{LS}}{p_{FF}}(f) \qquad (2)$$

Die Freifeldentzerrung als Funktion der Frequenz des jeweiligen Kopfhörers ergibt sich aus der Mittelung aller individuellen Kopfhörerübertragungsfunktionen bei der jeweiligen Frequenz und Filterung mit der inversen $\overline{KTF_{FF}}$. Ein FF-entzerrter Kopfhörer bildet die Klangfärbung einer von vorn, d. h. $\phi = 0°$ und $\theta = 0°$ einfallenden ebenen Schallwelle nach.

Zur Ergebnisvalidierung wurde eine Lautheitsausgleichsmessung im Frequenzbereich von 100 Hz bis 1250 Hz und eine Hörschwellenbestimmung mit dem Békésy Verfahren im Frequenzbereich von 1000 Hz bis 10 kHz mit den drei Probanden für den Kopfhörertyp Telephonics TDH-39 durchgeführt. Sowohl die Hörschwellenbestimmung als auch die Lautheitsausgleichmessunhg zeigen für die drei Probanden eine sehr gute Übereinstimmung mit den Sondenmikrofonmessungen Villchur (1969), jedoch sind diese Ergebnisse auf Grund der zu geringen Entfernung des Lautsprechers und der unterschiedlichen Schalldruckpegeldarbietung bei Lautsprecher- und Kopfhörerdarbietung kritisch zu betrachten.

2.3 Diffusfeldentzerrung

In den 1980er Jahren entwickelte Theile die Diffusfeldentzerrung, da die Freifeldentzerrung von Kopfhörern teilweise zu Klangfarbendefekten führt. Der Grund dafür liegt in den konventionellen Stereoaufnahmen, die zwar die IID's und ITD's des Schallsignals jedoch nicht die spektralen Änderungen auf Grund der Richtung beinhalten. Dadurch werden die Richtungsinformationen von der ortsbestimmenden Stufe des in Abschnitt 1.3 beschriebenen Assiziationsmodells bei Kopfhörerwiedergabe nicht erkannt und die inverse Filterung unterbleibt, d. h. $M^{-1} = 1$. Dieses ungefilterte und somit fehlerhafte Signal gelangt an die gestaltbestimmende Stufe und verursacht die Im-Kopf-Lokalisation und Klangfarbendefekte, da $M \cdot M^{-1} = M$ ist. Ein Freifeld-entzerrter Kopfhörer produziert lineare Verzerrungen, sofern das Schallsignal kein Monosignal ist und bei der Aufnahme nicht aus der $0°$-Richtung, d. h. $\phi = 0°$ und $\theta = 0°$, einfällt. Das Ziel der Diffusfeldentzerrung ist die Vermeidung dieser linearen Verzerrungen und die somit notwendiger Weise korrekte Ermittlung der Übertragungsfunktion K (siehe Abb. 3) des Kopfhörers. Für den Fall der korrekten Bestimmung von K entspricht die Kopfhörerübertragungsfunktion K der HRTF M und somit ist $K \cdot M^{-1} = 1$, was der natürlichen Hörsituation, dargestellt in Abb. 2, entspricht.

Zur Bestimmung der physikalischen Übertragungsfunktion des Kopfhörers für diffuse Schallfelder wurden Sondenmikrofonmessungen mit fünf Probanden durchgeführt. Dazu wurde ein Elektretsondenmikrofon in den Gehörgang eingeführt und so nah wie möglich am Trommelfell platziert. Ein schematischer Querschnitt des menschlichen Ohres mit platziertem Sondenmikrofon ist in Abb. 6 dargestellt. Die dünnen Mikrofonkabel wurden über die *incisura intertragica* der Ohrmuschel nach aussen geführt und während der Messung unterhalb des Aussenohres fixiert. Das Miniatursonden-

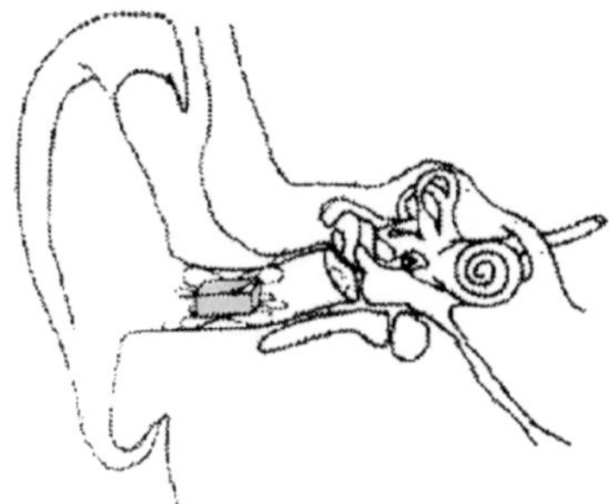

Abb. 6: Schematische Darstellung der Platzierung des Sondenmikrofons. Basierend auf Theile (1986).

mikrofon stört die Schallausbreitung nur minimal, wodurch eine möglichst natürliche Ankopplung des Kopfhörers gewährleistet war. Es wurden die Spannungswerte am Mikrofon für jedes Terzband im Bereich von 63 Hz bis 16 kHz für Lautsprecherwiedergabe an acht verschiedenen Positionen und Kopfhörerdarbietung im Hallraum gemessen. Die Messung der am Mikrofon anliegenden Spannung bei Kopfhörerdarbietung wurde mindestens zweimal wiederholt. Die Anzahl der Messwiederholungen wurde erhöht, sobald die Standardabweichung in einem der getesteten Terzbänder ± 2 dB betrug. Die individuelle, frequenzabhängige Kopfhörerübertragungsfunktion KTF_{DIF} ergibt sich aus der Differenz des Verhältnisses der Ausgangsspannung des Mikrofons $U_{Mik_{KH}}$ bei Kopfhörerwiedergabe zur Eingangsspannung des Kopfhörer $U_{KH_{KH}}$ und dem Verhältnis der Ausgangsspannung des Mikrofons $U_{Mik_{LS}}$ bei Lautsprecherwiedergabe zum Schalldruckpegel des Diffusfeldes am Messpunkt nach Gleichung (3).

$$KTF_{DIF}(f) = \frac{U_{Mik_{KH}}}{U_{KH_{KH}}}(f) - \frac{U_{Mik_{LS}}}{L_{SPL}}(f) \tag{3}$$

Die Diffusfeldentzerrung als Funktion der Frequenz des jeweiligen Kopfhörers ergibt sich aus der Mittelung aller individuellen Kopfhörerübertragungsfunktionen bei der jeweiligen Frequenz und Filterung mit der inversen $\overline{KTF_{DIF}}$. Ein DIF-entzerrter Kopfhörer bildet also die Klangfärbung den von allen Richtungen einfallenden Schallwellen nach.

Zur Validierung der Messmethode und der ermittelten $\overline{KTF_{DIF}}$ wurde ein Paarvergleich mit den Beurteilungskriterien Natürlichkeit und Angenehmheit durchgeführt. Für diesen Paarvergleich wurden sieben Kopfhörertypen verwendet, die für den Vergleich FF-entzerrt, DIF-entzerrt und gar nicht entzerrt wurden. Die Aufgabe der 24 Probanden war es die Natürlichkeit und Angenehmheit von klassischer Musik, Jazz, Popmusik und Sprache vergleichend zu beurteilen. Das Ergebnis des Paarvergleichstest ist die signifikante Bevorzugung der DIF-entzerrten Kophörer gegenüber den FF-entzerrten Kopfhörern, sowohl bezüglich der Natürlichkeit als auch der Angenehmheit. Die Bevorzugung der DIF-entzerrten Kopfhörer gegenüber der Darbietung ohne Entzerrung ist deutlich geringer und für zwei der getesteten Kopfhörertypen nicht signifikant. Ein weiteres Ergebnis der Untersuchung ist die Abhängigkeit des Präferenzausmaßes vom Stimulsmaterial. (Theile, 1986)

3   Lautheitsausgleichsbasierende Kalibrierung am Beispiel von Audiometriekopfhörern

Zur Kalibrierung von Kopfhörern für das Anwendungsgebiet der Audiometrie existieren die Europäische Norm EN 60645-2:1997 zur Begriffsklärung und der Bericht der Physikalisch-Technischen Bundesanstalt Richter (1992), der Kalibrierwerte der häufigsten verwendeten Schallwandler für den Ohrsimulator und den akustischen Kuppler enthält.

3.1   Normbegriffe

Zur Ermittlung der korrekten Kalibrierwerte für Audiometriekopfhörer werden in der Norm EN 60645-2:1997 folgende Begriffe definiert:

1. Kuppler-Übertragungskoeffizient (KÜK)

   Der Kuppler-Übertragungskoeffizient beschreibt das Verhältnis des vom Kopfhörer in einem akustischen Kuppler oder künstlichen Ohr erzeugten Schalldrucks p_k zu der an den Klemmen des Kopfhörers angelegten Spannung U_{Kl} nach Gleichung (4). Der Koeffizient ist dabei abhängig von der Frequenz und kann sowohl für Lufleitungs- als auch für Knochenleitungshörer angegeben werden.

$$KÜK(f) = \frac{p_k}{U_{Kl}} f \qquad (4)$$

2. Kuppler-Übertragungsmaß (G_C)

   Das Kupler-Übertragungsmaß ist ein logarithmisches Maß des KÜK zum Referenz-Übertragungskoeffizienten von 1 Pa/ V nach Gleichung (5). Auf Grund der Frequenzabhängigkeit des KÜK ist auch das G_C frequenzabhängig, sowohl für Luftleitungskopfhörer als auch für Knochenleitungshörer, zu ermitteln.

$$G_C(f) = 20 \cdot log(KÜK) \qquad (5)$$

3. Freifeld-Übertragungskoeffizient (FÜK)

   Der Freifeld-Übertragungskoeffizient beschreibt das Verhältnis des Schalldrucks einer ebenen fortschreitenden Welle aus der von vorne Richtung (ϕ=0, θ=0) zu derjenigen Klemmenspannung des Kopfhörers, welche für mindestens zehn otologisch normale Personen durchschnittlich zur gleich lauten Beurteilung des Schallereignis im gleichen Ohr (d.h. monaural) führt. Der

FÜK ist ebenfalls frequenzabhängig nach Gleichung (6) zu ermitteln und sowohl für Knochenleitungshörer als auch Luftleitungshörer äquivalent definiert. Entsprechende Messverfahren zur Ermittlung des Freifeld-Übertragungskoeffizienten sind in der IEC 268-7 beschrieben.

$$\text{FÜK}(f) = \frac{p_{FF}}{U_{Kl}} f \tag{6}$$

4. Freifeld-Übertragungsmaß (G_F)

Das Freifeld-Übertragungsmaß ist ein logarithmisches Maß des FÜK zum Referenz-Übertragungskoeffizienten von 1 Pa/ V nach Gleichung (7). Auf Grund der Frequenzabhängigkeit des FÜM ist auch das G_F frequenzabhängig, sowohl für Luftleitungskopfhörer als auch für Knochenleitungshörer, zu ermitteln.

$$G_F(f) = 20 \cdot log(\text{FÜK}) \tag{7}$$

3.2 Freifeldkalibrierung

In der Norm EN 60645-2:1997 wird zur Kalibrierung des Audiometerkopfhörers ein freifeldbezogener Kopfhörer-Ausgangspegel L_{FF} empfohlen, welcher als äquivalenter Dauerschallschalldruckpegel im freien Feld angegeben wird. Dieser frequenzabhängige Pegel berechnet sich nach Gleichung (8) aus dem vom Kopfhörer in einem akustischen Kuppler oder künstlichen Ohr erzeugten Schalldruckpegel L_C zuzüglich dem frequenzabhängigen Korrekturwert. Dieser kopfhörerspezifische Korrekturwert ergibt sich aus der Differenz des Freifeldübertragungsmaßes G_F und dem Kuppler-Übertragungsmaß G_C.

$$L_{FF} = L_C + (G_F - G_C) \tag{8}$$

Für die häufig verwendeten Audiometriekopfhörer Beyer DT 48, Telephonics THD 49 und TDH 39, Präcitronic DH 80 sind die Korrekturwerte in der EN 60645-2:1997, sowohl für Messungen mit dem akustischen Kuppler als auch für das künstliche Ohr tabelliert. Die Korrekturwerte zur Kalibrierung des Sennheiser HDA 200 sind für Frequenzen von 125 Hz bis 8 kHz in der [ISO 389-8:2004] und für die Frequenzen von 8 kHz bis 16 kHz in der [ISO 389-5:2004] tabelliert. Bei den Messungen zur Ermittlung der Korrekturwerte wurde Terzbandrauschen bei der jeweiligen Audiometriefrequenz im Bereich von 125 Hz bis 8 kHz verwendet.

Abkürzungen und Symbole

Abkürzungen:

AO	Aussenohr
DIF	Diffusfeld
FF	Freifeld
FÜK	Freifeld-Übertragungskoeffizient
HRTF	kopfbezogene Übertragungsfunktion (engl. *Head Related Transfer Function*)
IID	Interaurale Pegeldifferenz (engl. *interaural intensity difference*)
ITD	Interaurale Laufzeitdifferenz (engl. *interaural time difference*)
KH	Kopfhörer
KK	Kunstkopf
KTF	individuelle Kopfhörerübertragungsfunktion
KÜK	Kuppler-Übertragungskoeffizient
SLD	Pegel-Lautheits-Divergenz (engl. *sound level loudness divergence*)

Römische Symbole:

f	Frequenz
G_C	Kuppler-Übertragungsmaß
G_F	Freifeld-Übertragungsmaß
L_{SPL}	Schalldruckpegel (engl. *sound pressure level*)
U_{Mik}	Eingangsspannung des Mikrofons
U_{Kl}	Klemmenspannung

Griechische Symbole:

ϕ	Azimuthwinkel
θ	Elevationswinkel

Literatur

DICKREITHER, Michael: *Handbuch der Tonstudiotechnik*. München : Saur K.G. Verlag GmbH, 1987 (1)

EN 60645-2:1997: *Audiometer Teil 2: Geräte für die Sprachaudiometrie*. DIN Deutsche Industrie Norm e.V., Beuth Verlag GmbH Berlin. April

HAMMERHOI, Dorte: *Binaural Technique - a method of true 3D sound reproduction*. Aalborg, Dänemark, Aalborg University, Department of Communication Technology, Institute of Electronic Systems, Dissertation, 1995

POLDY, C.A.: Headphones. In: BORWICK, John (Hrsg.): *Loudspeaker and Headphone Handbook*. 3. Oxford : Focal Press, 2001, Kap. 14, S. 585–692

RICHTER, Utz: PTB-Bericht MA-27: Kenndaten von Schallwandlern der Audiometrie / Physikalisch-Technische Bundesanstalt. Braunschweig, November 1992. – Forschungsbericht

THEILE, Günther: *Über die Lokalisation im überlagerten Schallfeld*, Technische Universität Berlin, Fachbereich Umwelttechnik, Dissertation, 1980. – URL `http://66.102.1.104/scholar?hl=de&lr=&q=cache:FFaEocibnOYJ:www.irt.de/wittek/hauptmikrofon/theile/UEBER_DIE_LOKALISATION_deutsch.pdf`

THEILE, Günther: On the Standardization of the Frequency Response of High-Quality Studio Headphones. In: *Journal of the Audio Engineering Society* 34 (1986), Dezember, Nr. 12, S. 956–969

VILLCHUR, Edgar: Free-Field Calibration of Earphones. In: *The Journal of the Acoustical Society of America* 46 (1969), August, Nr. 6, S. 1527–1534

BEI GRIN MACHT SICH IHR WISSEN BEZAHLT

- Wir veröffentlichen Ihre Hausarbeit, Bachelor- und Masterarbeit

- Ihr eigenes eBook und Buch - weltweit in allen wichtigen Shops

- Verdienen Sie an jedem Verkauf

Jetzt bei www.GRIN.com hochladen und kostenlos publizieren